U0222948

LA
FORÊT QUI SE MANGE
...OU PAS

奇问趣答
小百科

[法]大卫·梅尔贝克———著

[法]康迪斯·阿亚———绘

李悦———译

舌尖上的森林

怎么认出
毒蘑菇？

中信出版集团｜北京

图书在版编目（CIP）数据

舌尖上的森林：怎么认出毒蘑菇？ / （法）大卫·
梅尔贝克著；（法）康迪斯·阿亚绘；李悦译. -- 北京：
中信出版社，2019.12（2020.4重印）
（奇问趣答小百科）
ISBN 978-7-5217-0286-6

Ⅰ.①舌… Ⅱ.①大… ②康… ③李… Ⅲ.①森林 -
儿童读物 Ⅳ.①S7-49

中国版本图书馆CIP数据核字（2019）第052257号

La forêt qui se mange... ou pas by David Melbeck, illustrated by Candice
Hayat
Copyright © 2017, Les Editions de La Salamandre
Current Chinese translation rights arranged through with Hannele &
Associates and Divas International, Paris巴黎迪法国际版权代理
Simplified Chinese translation copyright ©2019 by CITIC Press Corporation
ALL RIGHTS RESERVED
本书仅限中国大陆地区发行销售

舌尖上的森林：怎么认出毒蘑菇？
（奇问趣答小百科）

著　　者：[法]大卫·梅尔贝克
绘　　者：[法]康迪斯·阿亚
译　　者：李悦
出版发行：中信出版集团股份有限公司
　　　　　（北京市朝阳区惠新东街甲4号富盛大厦2座　邮编100029）
承 印 者：北京市十月印刷有限公司

开　　本：880mm×1230mm 1/32　　印　张：3.5　　字　数：78千字
版　　次：2019年12月第1版　　　　印　次：2020年4月第2次印刷
京权图字：01-2019-3314
广告经营许可证：京朝工商广字第8087号
书　　号：ISBN 978-7-5217-0286-6
定　　价：35.00元

目　　录

毒蝇鹅膏菌

真能杀死

苍蝇吗？

▶ **不太准确。** 苍蝇落在漂亮的毒蝇鹅膏菌（又称毒蝇伞）上不会有任何危险，但毒蝇鹅膏菌里含有的成分可以杀虫，人们自中世纪开始，就使用由它做成的杀虫剂了。

这朵蘑菇太漂亮了！所有人看到它布满白点的红色小帽时都会赞叹。我们在动画片和儿童画册上总能看到它的身影。

鹅膏菌很美，也有毒，这可不是童话故事。你知道鹅膏蕈 (xùn) 氨酸吗？它是人们在这种超级蘑菇里发现的有毒物质之一，它会让昆虫心神不宁。

从前，人们将几朵鹅膏菌的菌盖浸在牛奶里，制成杀虫剂。然而，人们发现它并不能真的杀死虫子：昏过去的虫子又活过来了！实际上，这种蘑菇吸引虫子，然后只是将它们麻醉……有些人因为它有致幻性而食用它。拉普人和西伯利亚的萨满通过食用这种菌类，来使

自己产生幻觉。他们摄入毒素后，头脑先会变得迟钝，然后进入一种不可预见的幻觉当中。摄入毒素的人恢复正常后，只能记得很少一部分在幻觉产生时发生的事，甚至会完全忘记这些事。

虽然日本人去除了毒蝇鹅膏菌中的毒素，使其可以食用，但大家最好还是避免大量食用这种蘑菇。它含有的若干药物活性成分，可能给你带来很大的烦恼。

哦？

你在桦树、松树和冷杉树下最有可能找到毒蝇鹅膏菌，因为这种蘑菇是和它们的树根长在一起的。

为什么
黑莓 会把手指染上
颜色？

▶ **美味的黑莓里，充满了酸甜的汁水，也含有一种超浓的天然色素。**

在散步过程中品尝黑莓是多么令人愉快的一件事啊！好吃的东西会很快让人发现。吃过黑莓之后，我们的手指、牙齿、舌头和嘴唇都会变成蓝紫色。这种染色在古希腊曾经非常时髦：女士们将压碎的黑莓当作口红涂在嘴唇上。

花青素会让果子带有浓重的颜色，黑莓里就含有大量的花青素。人们还可以在欧洲越橘、接骨木的果实等其他蓝色的浆果里找到它。几个世纪以来，人们用它给衣服染色。黑莓甚至会将野生动物的粪便上色，因为它们会狼吞虎咽地大吃黑莓，比如石貂、獾或者熊。

当黑莓果实成熟时，狐狸每天一半的食物都是黑莓。它到处排泄紫色粪便，一块粪便最多含有3 200颗准备发芽的黑莓籽。

从8月份①开始，人们就可以大把大把地吃种浆果了。它们滋味美妙，含有丰富的维生A、维生素B和维生素C，花青素又具有抗氧功能，它无疑是健康、快乐的同义词。哎，摘果子时的小小划伤算什么！

哦？

黑莓实际上是由若干小果子一个挨一个地聚集在一起组成的。每个小果子都有籽。

这也解释了为什么同一颗浆果上，有的籽是蓝的，有的籽是红的：它们不是同时成熟的。植物学家称这种由许多小果子聚生形成的果实为聚合果。

① 本书出现的各种植物的生长时间是指其在法国的况。——编者注

谁**吃掉了**整个**松球？**

▶ **长着毛皮和羽毛的强盗觊觎着挤在松球里一个个鳞片下的果仁。**

在这些强盗里，松鼠占据有利位置。秋天里，它乐此不疲地储藏榛子（之后它多半记不得藏在哪里了）；冬天里，它在云杉林里做"松球大盗"。

松鼠会舒服地在树枝上或者树桩上坐好，剥开松球，取出富含油脂的果实。几百片松球的鳞片散落在它最喜欢的餐桌下。松鼠就是松球大盗的证据是：在它到处乱丢的松球里，每个去了木质鳞片的松球只在顶端留下一小簇鳞片。其他小型啮齿动物会继续进行更加细致的工作。老鼠、小林姬鼠和田鼠在隐蔽处啃着松鼠丢在地上的战利品。

再看看鸟类，最主要的两个松球强盗是大斑啄木鸟和红交嘴雀。红交嘴雀的喙非常特别，可以嗑开松球的鳞片，获得珍贵的松子。而它们

留下的作案痕迹，就是吃剩下的松球上一分之二的鳞片。

大斑啄木鸟才不会这么麻烦呢，它会把松卡在树枝间，然后用嘴进行敲打。松果在的敲打下变成碎片，聚成一小堆。

哦？

如果你试着拔下松球的一个鳞片，就会发现，这并不容易！而松鼠是用牙齿咬掉它的。

这一切都需要花费很大力气。冬天，松鼠一天就可以吃掉190个松球，以满足它一天的能量需要。

有没有
毒牛肝菌？

▷ **有的。和可食用牛肝菌长相近似的牛肝菌并不是全都可以吃的。**

牛肝菌很容易识别：顶在蘑菇"腿"上的帽子里藏着无数小管子，那是菌管，质地像海绵。牛肝菌家族不含有任何致命的毒素，但有些会不好消化。

比如红网牛肝菌、栗色圆孔牛肝菌和细网牛肝菌就属于这种情况。细网牛肝菌是牛肝菌里的"巨人"，它的重量可以达到2千克，直径可达30厘米。

这种魔鬼蘑菇使很多采摘者中毒。人们中毒后会陆续出现腹泻、恶心以及呕吐的症状。为了避免这种情况，不要采摘长着灰白色菌盖、鲜艳的粉红色菌柄和红色菌管的牛肝菌。用你的鼻子闻闻：细网牛肝菌是臭的。在成熟期里，它无法令人忽视的气味会让我们想起肉类变质的味道。

其他有毒的牛肝菌就是苦的，比如根柄牛肝菌、美柄牛肝菌、松球牛肝菌，或者苦粉牛肝菌。如果你不小心摘下它们放进了篮里，那么这道菜就让人无法下咽了。

你不太确定是否采摘到了有毒的牛肝菌？以将一片牛肝菌放在舌头上，但不要吞下刺激的味道就会立刻引起你的警惕。

哦？

有一种牛肝菌虽然可以食用，却以积聚放射性元素的特点闻名。由于切尔诺贝利核泄漏灾难，在褐绒盖牛肝菌中，铯-137的含量有所提高。

即使放射性元素已经向土壤深处转移，但我们仍需避免食用这种漂亮的蘑菇。

装饰着黑色
弹丸 的树是
什么树？

▶ **这是一种刺柏。它会结出有香气的果实，如果你不害怕它的尖刺，就可以对它进行一些了解。**

人们发现这种刺柏在北半球随处可见，欧洲、亚洲、北美洲……它的分布区域是所有松柏里最广阔的。尽管如此，它们不像云杉那样能够形成大片森林，而是低调地在这里或者那里分散着生长。

人们一般会看到它在阳光下的金字塔形剪影。通常，刺柏的所有细枝都会向树干靠拢，并朝向天空生长。但在大山上，就是另外一回事了，细枝会贴向地面并展开。而且有时候，它还会学习垂柳的摇曳姿态。

至于它的果实，是能直接吃的。如果有人咬一口，都不用真的吞下，就已经能够感受到一股浓烈的香气。

可以食用的刺柏球果，主要用作调味品，别常用于腌酸菜或为饮料添加香气。杜松酒和刺柏利口酒的爱好者很熟悉它苦涩的道，这是一种类似樟脑的苦味。

哦？

杜松子实际上是一个压缩版的小松球，植物学家称之为球果：它们的鳞片互相粘连。这种小球的直径通常小于1厘米。而且，只有雌性的矮树才会结果。

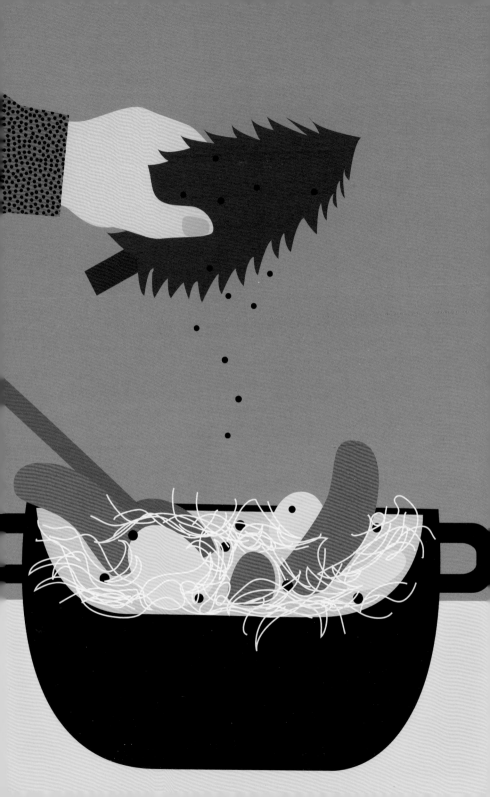

蘑菇是怎么生长的？

▶ **蘑菇在土地里以纤维的形式，织出一张巨大的网。**

在地面上露出的部分只是蘑菇的"繁殖器官"，它既无穷小又无穷大。实际上，蘑菇就在你脚下，藏在地面下几厘米深的泥土里。

这是叫作菌丝体的白色丝状体，每一段的直径都不超过0.01毫米。但只要单独一个菌就可以产生几十万千米的菌丝。这张巨大的地下网让菌类得以汲取生长所需的营养素。

蘑菇这种有趣的生物，不能像绿色植物那样，依靠光合作用生成供自己生长的养分，而是需要借助其他生物存活、生长。

在菌类中，有些是清洁工，在降解死去的有机物的过程中吸收营养物质。还有一些则是寄生者，它们靠寄居在其他活着的生物上生存。

大部分菌类会选择合作伙伴，它们和树木签下盟约，完全接触树木的根系，它们的纤维在那里形成菌根。它们与树木共享资源，以交换氮元素、维生素、矿物盐等。

哦？

如果不和菌类联合，95%的植物都没有能力生存下来。

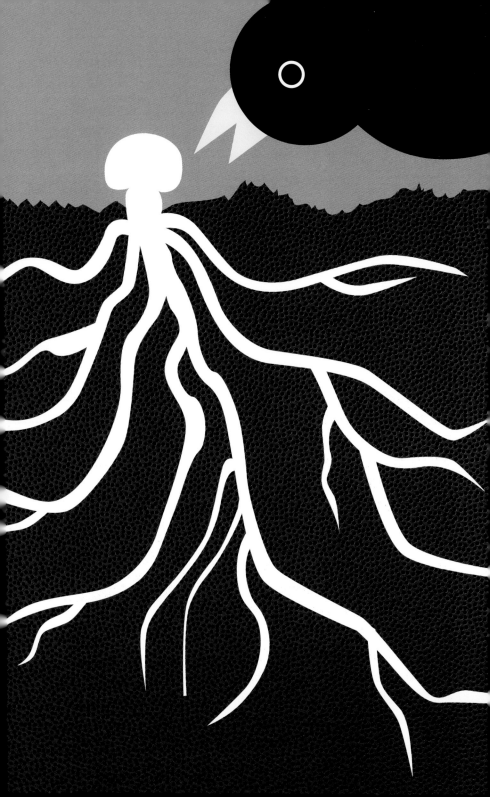

美味牛肝菌
只在波尔多
生长吗？

▶ **当然不是。这种牛肝菌之王在很多地区的森林里都能找到。**

"它们是那么美味，我的牛肝菌，它们是那么美味！"牛肝菌曾因大量出现在波尔多的市集里而得名"波尔多的牛肝菌"，翻译过来就是"美味牛肝菌"。英国国王爱德华一世在统治法国阿基坦地区时，他持续不断的美食需求，使这片地区的有些城市成为主要的牛肝菌出口港。

实际上，在橡树林、松树林和云杉林里，人们不难遇到美味牛肝菌。它总是在酷暑之后的9月出现。几场大雨，一个大热天之后，美味牛肝菌就在树林里成群结队地冒出来。它粗大的身影、肥胖的菌柄和肥厚的浅褐色菌盖非常好辨认。请欣赏一下这些夏天的"明星"，它的小气孔①非常致密，先是白色，然后变成黄绿色。

正如很多菌类兄弟一样，牛肝菌和植物的根部相连、共生，但它没有特别偏爱的伙伴，这和其他有特定联盟的种类不同。

牛肝菌是市面上销量最大的一种野生菌菇，有研究者尝试养殖，但效果很一般。因为牛肝菌尚未向我们展示它全部的秘密。

哦？
与美味牛肝菌一起，还有三种著名的牛肝菌也是美食家眼中的佳肴：网柄牛肝菌、黑牛肝菌和红牛肝菌。这四种烹调明星是最著名、被采集最多，也是最美味的牛肝菌。

① 小气孔：牛肝菌没有菌褶，取而代之的是小气孔。——译者注

闻起来很香的

蘑菇 都

能 吃 吗？

▷ **不是，绝对不是。有毒的蘑菇闻起来也很香。**

在判断你收获的蘑菇是否能吃时，还需要了解其他的标准。首先，某些不能食用或者有毒的蘑菇是真的（字面意义上的）有异味。有着橙红色菌托的鹅膏菌闻起来像穿着不透气的鞋子长途跋涉之后的脚丫子的味道。马勃发出强烈的橡胶味，魔牛肝菌有着腐坏肉类的腐臭，而硫黄色口蘑闻起来干脆就像煤气。现在请你闻一下篮子里有李子香气的鸡油菌或者榛子气味的牛肝菌。

虽然一些可食用的菌菇有着怡人的香气，但不少有毒的蘑菇闻起来味道也不差。致命的纹缘盔孢伞和有毒的毒粉褶菌，它们有好闻的面粉香气；还有洁小菇，它带有一点萝卜的味道；肉褐鳞环柄菇有橘子香味，而马鞍菌有面包皮的香气。但它们都是有毒的。尽管蘑菇的气味不能完全用来判断它是否可食

用，但气味也是一项重要的辨认标准。将鼻子贴在蘑菇的菌盖下，并用手指揉搓菌肉，可以让我们更快、更清晰地闻到蘑菇的气味。你会闻到像巧克力、蜂蜜、碘、豌豆、鸡粪、醋、橙花、漂白水或者香草等的气味。多么丰富的气味种类啊，真不可思议！

哦？
在法国，98%的致命中毒事件都是由毒鹅膏引起的。这种蘑菇在刚长出来的时候，没有什么气味，当它成熟以后，它的气味会变得宜人。

为什么
今 年 有 很 多
 ?

▷ **这是橡树的战略，为的是增加繁殖机会。**

在秋天，人们有时会在树林里找到成千上万颗甚至几百万颗橡子。这是橡树在生产大量种子。

这些特别的橡子不全是要休眠的。春天，树木首先要积攒能量，以便开出大量花朵。然后，风会负责赶在任何一场骤雨到来之前，赶紧传送花粉，因为大雨会将花打落到地上。

无数朵受精的雌花接着一点点膨胀，变成漂亮的橡子。每棵橡树产出大约4 000颗橡子，总重量超过13千克。橡子大年在法国的南方每3年出现一次，在法国北方每8～10年一次，而在欧洲东部则是每15年一次。这个战略帮助橡树调节"天敌"的数量，获得更多的繁殖机会。在橡子丰富的年份里，吃橡子的动物不可能把它们全部吃掉。

相反，到了第二年，我们就不可能找到橡子了。橡树几乎不结果实。以橡子为食的动物就要遭遇饥荒，减员了。

哦？

在橡子大年时，野猪一年要生两胎，而通常只生一胎，因为它们吃到了比平时多50%的森林果实。紧接而来的小年对它们来说会非常难过。它们要丰富菜单，避免因为橡子数量减少而让自己挨饿。

蘑菇
只在秋天
生长？

▶ **秋天、冬天、春天、夏天……人们全年都能找到蘑菇。**

秋天，毋庸置疑，是研究蘑菇的专家最喜欢的季节，因为在这个季节，热度和湿度有利于土壤里菌丝体纤维的生长和新蘑菇的形成。

9月到11月，人们可以在欧洲的树林里、草地上找到6 000个大类蘑菇中的大部分蘑菇，但不是全部。因为有些蘑菇会在寒冷的季节出现。

有一种口蘑，也叫食用伞菌，更喜欢在3月到6月间出现，而著名的羊肚菌会在4月和5月露出其有趣的蜂窝结构。

让人胃口大开的鸡油菌会毫不犹豫地出现在夏天，从6月开始，丝滑的乳菇、网柄牛肝菌或者还有变绿红菇都会出现。咱们不要忘了所有那些可以全年碰到的品种，它们生长

在各自的树上，比如多孔菌。这些有趣的菌管类蘑菇，可以挂在枯木上好几年。

顺便问一句，哪里可以找到羊肚菌？答案在第50页。

哦？
酵母和霉菌也是真菌，不太好辨识，但人们全年都可以碰见它们。

哪种
动物 会大嚼
树莓藤？

▶ **欧洲狍。对它来说，冬天里没什么能比一片鲜美的树莓叶更美味！**

鸟类、哺乳动物、昆虫……很多动物吃树莓，但很少有动物对这种植物剩下的部分感兴趣。虽说有些人也喜欢浸泡被称为树莓茶的干叶子，但还是欧洲狍这种野生食草动物更知道怎么欣赏这种漂亮的多刺灌木。

如果我们仔细查看树下或树篱，会很容易地发现一些被啃过的灌木丛。欧洲狍看起来行事草率：它这里咬咬，那里啃啃，这里咬得剩下一半的叶子，又在别处咬得只剩下叶柄。所以它留下的残迹很容易识别。

再大些的动物，比如鹿，会干脆直接从枝条顶端向外拔扯，吃完后，在其身后留下一片狼藉。

冬天，树莓藤是少有的还保有绿叶的植物之

一，它们富含蛋白质和磷。没有它们，欧洲狍很难找到食物，特别是在下雪的日子里。

山羊和绵羊也是贪吃团里的成员。小身材但效率一样高的还有二十多种夜行飞蛾的幼虫，比如漂亮的天蚕蛾，它也热切地啃噬树莓藤。

顺便问一句，栎树叶上的小球是它们的果实吗？答案在第56页。

哦？
新长出来的树莓藤被称为徒长枝。除掉它们的外皮和刺，和芦笋一起烹调，味道可口。

树木的
新芽可以
吃吗？

▶ **很明显，并不是全部的新芽都可以吃。你可以试试云杉的嫩芽，它含有维生素，会给你带来丰富的味觉感受。**

在法国，树木的新芽通常都是可以食用的，但它们尝起来不全都是好吃的。3月或4月，树木体内的汁液重新开始循环，细枝恢复活力。你可以尝试刚刚萌芽出来的樱桃树叶、苹果树叶、榛树叶、山毛榉树叶、黑刺李树叶和欧洲甜樱桃叶等等。新长出来的叶子，刚成形，还很脆弱，可以和生菜拌在一起食用。如果你喜欢蜂蜡的气味，春天里杨树叶的香气会让你无法抵抗。尝一下枝头上饱满的叶芽，会有股蜂蜜的味道。

还有如下一些味觉体验：吃柔软的松树、冷杉或云杉的嫩芽会感觉到微微的树脂和柠檬的香气。它们富含维生素C，对嗓子很好。法国东部孚日省一种有名的清凉糖就是很好的例证。

顺便问一句，山毛榉的果子能吃吗？答案在第74页。

哦？

有些植物的新芽是不能吃的，甚至有毒，比如接骨木属还有紫杉属，它们是新芽里含有毒素的植物。

蔷薇果
也让人脖子
痒吗？

▶ 爱搞恶作剧的人很了解这种漂亮的野蔷薇果：它小小的挂钩不止会让屁股痒。

野蔷薇的果实多好看啊！人们把野蔷薇红色、椭圆形的浆果称为蔷薇果。它鲜艳的颜色在冬天里特别醒目。人们也叫它犬蔷薇花，但在乡村，它很多时候被叫作痒屁股。

顽童很熟悉蔷薇果，它长着恼人的微型钩子：为人熟知的致痒的细毛。打开果子，一分为二，人们才能获得令人垂涎欲滴的蔷薇果的果肉。蔷薇果配得上它"痒屁股"的名字。放在脖子上一小撮就足够逗乐，但要以损失小伙伴的友情为代价。因为蔷薇果的细毛会引发搔痒。

除此之外，浆果只剩下橙红色多肉的部分。小心地去掉里面的小籽，就可以吃了。人们喜欢它留在味蕾上让人愉悦的、醇厚的味道。美食家还会用它做成很棒的果酱。

顺便问一句，卷缘齿菌的针扎人吗？答案在66页。

哦？
可以食用的蔷薇果果肉含有比橙子高20倍的维生素C。

怎样才能
找到
松露？

▶ **如果你有警犬一样的嗅觉，没有任何问题，如果没有……**

在大自然中认出松露是很难的。每年9月至次年2月，它们会在土里生长，就是在枯枝落叶层最上面几厘米的土壤中。它们有时候也在地面上露脸，但由于它们的颜色基本上都是黑色略带巧克力色的，要发现它们，只能祝你好运了！

专家知道一些找到松露的诀窍。比如，生长着松露的土壤是石灰质的，而且排水性很好，因为这些昂贵的松露既不喜欢酸性土壤，也不喜欢太过潮湿的土地。而且你还要认识它们的树木伙伴：松露的菌丝体需要和核桃树、橡树或松树，有时还有桦树和千金榆的树根相连生长。

它们的纤维也会对周围的草起作用，会除掉这些草本植物，以便将更多养分留给正在形成的松露。这片没有草的区域，又叫烧焦地，是会逃过专家敏锐的眼睛的。它是定位天然松露的有用指征。

除此之外，不管怎样，这种昂贵的美食珍品是一个一个找出来的，个头从榛子大小到豆大小不等。实际上，很多人寻找松露是借专门寻找松露的松露狗。它的嗅觉得到经常开发，知道如何找到地下的珍宝。

哦？

欧洲各地都生长着松露，一共有34种。但人们最常收集的只有不到10种。最著名的要数佩里戈尔的黑松露和勃艮第松露。

哪种
果子 最有
毒性？

▶ 在其颜色漂亮的外表下，紫杉的假种皮①包裹着一种致命的种子。

紫杉长着不扎人的针叶，是一种奇怪的杉树。它会结出鲜艳的小果，乍一看，这是一种橙色的小果。我们在自然界中要小心这种小果子。紫杉的每个浆果里都有单独的一个种子，种子含有二萜、紫衫碱和麻黄碱，令人生畏。这些使人猝死的毒素会使人的肌肉麻痹直至呼吸停止。2~3颗浆果的毒素就足以要一个孩子的性命。幸运的是，紫衫浆果的种子很苦，人们吃到嘴里很快就会把它吐出来。

还有一些其他植物浆果具有剧烈毒性：卫矛、欧亚瑞香、颠茄、槲寄生和铃兰。这些品种的浆果都有潜在的致命危险。20多颗浆果，有时都不用20颗，就足以致命。

然而，这些含有可怕毒素的果子很容易被人们忽视。我们可以通过向他人讲解并展示这些植物，避免让他们中毒。

一旦有人出现误食，必须马上急救，冲洗口腔，打急救电话。如果误食者吃下去的时间还不到10分钟，可以将果子咳出或者尝试口吐出来。

哦？

1825年，法国的一个步兵军队在调遣途中受颠茄这种类似樱桃的果子吸引，士兵们大量食用这种果子后死亡，因此颠茄也叫死亡樱桃。

① 假种皮：某些种子表面所覆盖的一种特殊结构，常的如荔枝、龙眼的可食用部分。——编者注

闻起来很香的
松树 叫什么
名字？

▶ **这就是珍贵的花旗松！只要搓搓它柔软的针叶，就能闻到令人愉悦的柠檬气味。**

很多种树都能散发出令人愉悦的树脂香气，但只有一种树能够在你闻它的细枝时，散发出扑鼻的柠檬香，那就是花旗松。

花旗松在其故乡美国，可以长到110米的高度，它是由木材商人引进到欧洲的森林里的。它生长迅速，30年可以长到25米。而且花旗松有很好的结构性能，这鼓励了育林人到处种植它们，甚至种在平原上。它经常会取代云杉的位置。

这种树长得又快又节省空间，很适合工业取材。人们越来越多地遇到这种树木，认识并喜欢上它散发香气、圆形而且柔软的针叶。花旗松有一个好玩的细节：球果的鳞片看起来都像是伸出来的一条分叉的舌头。

顺便问一句，那种装饰着黑色弹丸的树是什么树？答案在第10页。

答案在第10页。

哦？

传统的圣诞树是云杉，节日期间，云杉在家里散发出一种宜人的树脂香。但这和花旗松的柠檬味香气全然不同。花旗松很少用作装饰。另一种圣诞节用的针叶树是高加索冷杉，它闻起来没有什么味道，但叶子不易脱落，即使是被修剪下来的树枝，上面的叶子也可以保留很久。

常春藤的
黑色小球
可以吃吗？

▶ **不可以，而且一定不要吃！除非你想昏厥。**

常春藤与其他植物不同：它全年都在生长，秋天开花，而果实只在冬末成熟。这对在冬天饿坏的鸟来说是意外收获。在冬天的几个月里，生活在法国的鸟儿们几乎没往嘴里放过什么其他的东西。

虽然乌鸫、斑鸫和莺吃常春藤小球状的果子没有任何问题，但对我们来说，就是另外一回事儿了。常春藤黑色的小球，就像它的叶子一样，毒性很大。如果有谁无意中吃到一颗常春藤种子，他立刻就会吐出，因为种子的味道让人非常不舒服。食用种子数量过多的话，还会引发严重的消化问题、痉挛和呼吸问题，甚至会晕厥或死亡。这是多么令人不安的画面啊！

尽管如此，常春藤也不是百害而无一利，它

是一片真正的"绿洲"，能为多种生物提供适宜的生活环境。按护林人的话来说，它具有很高的生物价值。这种藤本植物能够沿着树干攀爬，寻找光照，但不寄生。它的攀缘茎不刺穿树皮，只是挂在上面。

常春藤的叶子是常绿的，很能抵抗狂风暴雨。蝴蝶、虫子、猫头鹰、燕雀、榛睡鼠，还有其他很多动物都能在这里找到居所，得到庇护。

哦？

临近冬天的时候，常春藤的花朵盛开，提供大量宝贵的花蜜，这对蜜蜂和其他采蜜的昆虫来说，是最后可以获取的能量，这也是冬天来临之前它们的意外收获。

娑罗子
是板栗的
丈夫吗？

▶ 这两个很不一样的"明星"应该不能长久相处。一个是有毒的，另一个却很美味。

栗子酱、栗子蜜饯、烤栗子……这些美食让人们口水直流。然而栗子这个名字被滥用了，它指的是用板栗做的甜品而不是娑罗子[1]。在植物学家看来，这两种果实大不相同。

栗子和娑罗子没什么关系，后者是不可食用的。栗子的果实在细刺包裹的"城堡"里受到很好的保护，细刺好像刺猬的刺一样。拔掉这些刺时极容易刺痛手指。在棍子的帮助下，可能会好一点，这样就可以开始采摘了。挂在树梢、很容易识别的栗子可以和果酱、面粉或者果泥搭配。

用火烤熟的栗子，那才叫人间美味呢！正相反，不要吃七叶树浑圆、发亮的漂亮果实娑罗子，它是有毒的。同样嵌在蒴果内，其外壳的毛刺更粗，但较为稀疏。

而且，七叶树的果实经常在其外壳脱落之前掉在地面上。小捣蛋鬼最清楚了：现在发动一场恶作剧所需要的"子弹"都找到了，拿起一个栗子[2]吧。

顺便问一句，黑刺李是一种李子吗？答案在第64页。

哦？
如果说栗子树是在法国森林里自然生长的话，七叶树[3]则是外来品种。它的发源地不像名字里写的那么遥远。它来自欧洲南部的巴尔干地区。

[1] 娑罗子：法语为marron，和板栗（法语châtaigne）的很像，在甜品名里，很多时候人们会用"marron"表达板栗的意思，其实有误，"marron"是另外一种子"娑罗子"。——译者注

[2] 栗子：娑罗子就像是大个的栗子，两者外观很像，易混淆。——译者注

[3] 七叶树：法文名字为marronnier d'Inde，直译过来印度栗树。——译者注

仙女环

是有

魔法的吗？

▶ **它们出现在树林里和草地上，没有任何超自然的力量。**

人们相信中世纪时调皮的孩子和女巫留下了这些偶尔可以在森林里发现的蘑菇圈，这是他们和魔鬼共舞的痕迹。但仙女环真正的故事和这些人物没什么关系。

在地面上的某处，在没有仙女棒的作用下，一棵蘑菇从孢子开始成长，破土而出。大量孢子萌发形成菌丝，而菌丝几乎向四周同时扩展，目的是寻找营养、水和矿物盐。与此同时，为寻找营养物质，菌丝的纤维继续有规律地扩展。蘑菇在地下的旅行远远超过它在地上的足迹。

繁殖期间，这张网形成一组组好玩的蘑菇，它们被称为女巫环或仙女环。

在没有看到任何蘑菇的菌盖之前，人们就可以猜到一串蘑菇的存在。因为菌丝合成的氮和钾对植物来说如同肥料。所以，人们从一簇簇比周围绿很多、高很多，也浓密很多的草形成的一块同心圆的区域，来判断仙女环的存在。

死掉或者生病的圆形草地通常都受到毒素的影响，因为土地里的合成物可能太过强劲，而毒死了植物。

哦？
在欧洲，有真菌学家发现过一个直径大约600米的仙女环。

野草莓可以吃吗？

▶ **它微酸的味道很可口，但最好做成水果挞或果酱再食用。**

狐狸、猫和狗的洞可能生活着它们吃田鼠时带来的寄生虫。寄生虫在它们的肠子里产卵，这些卵会随着排泄物一起排出体外。

在吞掉被这些动物弄脏的草莓的同时，你可能染上绦虫病。不过也不必过于担忧，由于人类会让寄生链陷入僵局，我们十有八九是不会染上这种疾病的。但虫卵在植物上可以存活很久。

我们要避免采摘常有动物出没、踩踏区域的植物，比如小路旁、田边、动物经过的道路。

简单地说，哺乳动物容易方便的所有地方我们都要小心。哺乳动物会在明显的地方留下粪便，为的是划出领地界限（草丛或者树桩等）。粪便的痕迹虽然随机，但也能被我们发现。

但为了避免所有风险，最好将你采摘的野莓煮熟（寄生虫在60℃时会死亡），或者摘远离地面的野草莓。

哦？

在水下冲洗草莓是没有什么效果的。引发绦虫病的虫子可以抵抗水流、冰冻、醋和常规的消毒液。只有超过48小时的干燥和烹煮才能把它们消灭。

怎么 认出 毒蘑菇？

▶ **画出典型毒蘑菇的画像是不可能的。然而，我们可以知道，有一种最毒的蘑菇是长着白色菌褶，还有菌环和菌托的。**

从可食用的到有毒的，蘑菇种类非常丰富，人们无法画出有毒团伙特定的画像。让我们学习辨认几个冷酷无情的"罪犯首领"吧，它们在森林里很常见。鹅膏菌团伙每年都会将几个因它们而昏迷的人送去医院或者墓地。

尽管它们神态骄傲地鼓着底部的菌幕、菌环，菌盖上长着漂亮而规则的菌褶，但不要上了它们的当。在所有团伙里，第一号"罪犯"就是**毒鹅膏**。看看它们发亮发绿的菌盖，紧密排布的菌褶、有条纹的菌环，在菌盖下方生长着菌柄，最后还有个好笑的袋子——菌托，它有时被树叶盖在下面。这些特征都发出警告：不要采摘！

其他致命的"同伙"还有白毒鹅膏菌、鳞柄鹅膏、褐鳞环柄菇、纹缘盔孢伞、变红丝伞，还有毒丝膜菌。

顺便问一句，有没有毒牛肝菌？答案在8页。

哦？

在长成我们认得出的形状之前，大多数蘑菇都看起来像某种放在地上的蛋，但它们很快就会从土里冒出来。为了能准确无误地辨认，我们最好只采摘成熟的蘑菇。

为什么
榛子上 有
一个洞？

▷ **在清空挤满东西的屋子后，一个囚徒会在果仁的外壳上钻个洞逃出来，它就是榛实象鼻虫。**

春末，一只有趣的虫子用专业钻机一样的嘴悄悄地钻开一颗正在成长的榛子。随后它钻进榛子内部，直到果实的中心，为的是产下一颗卵。在榛子继续正常成熟的过程中，几乎不可能知道里面竟然有一个秘密的房客。

很快，一只微小的虫子便从卵里出来。它开始吃榛子里的东西，吃得那么好，以至于它很快就长大了。夏天结束时，这只虫子决定在果壳上钻一个直径两毫米的洞，最终逃出果壳。除非这颗榛子已经落在地上或者在我们的篮子里，不然出逃意味着这只虫子得从树上跳向地面。但由于它装备着天然气囊，所以一切还好。这只肉虫很快逃进土地里，并在那里度过冬天。在地下的洞穴里，它开始施展魔法：这只肥胖的小肉虫将会蜕变成

为象鼻虫家族里的奇异昆虫——榛实象鼻虫

哦？

在果壳里一直钻到底可不容易。然而，雌性榛实象鼻虫会一次又一次地施展它的小伎俩，它钻透榛子多达三十几次，把它所有的卵产在不同的榛子里。

快看！

同样的现象也会发生在橡树和栗树上，但象鼻虫的种类不同，每种象鼻虫都有它们各自偏爱的果实。

蘑菇 会 运动吗？

▶ **蘑菇不用徒步旅行或者说用脚走路。它们是生产几百万孢子的冠军。**

如果说苹果是苹果树的果子，蘑菇就是菌丝体地下纤维的果实。蘑菇通过生产被称为孢子的特殊的"小果实"使物种得以延续。孢子很微小，直径是1毫米的百分之一，以至于一个子实体，也就是蘑菇露出在地上的部分，可以生产几百万个孢子，甚至更多。

只要将去掉菌柄的菌盖放在一张白纸上24小时，就可以看到孢子的出现：成千上万个孢子勾勒出菌褶或者菌管的轮廓，勾勒的样子视种类而定。你什么都没看到吗？用黑色的纸更能看出印记：虽然蘑菇是彩色的，但最常见的孢子却是白色的。其他颜色的孢子也有：粉色孢子特别少见，还有褐色、栗色、发紫的褐色和黑色，它们几乎都是不可食用的。风会传播微小的孢子，所以孢子这个载体，可以随意落在任何地方：公路上、你的上衣、

石头或者田地里。当孢子落在一块肥沃的土地时，很有可能会被土里的小动物吃掉。所以孢子的损失是巨大的，这就是它们数量如此惊人的原因。

哦？

在其谦逊的外表下，双孢蘑菇，或者说洋菇是生产孢子的冠军。它们可以每秒钟生产出3万个孢子，一天最多可以产出30亿个孢子。

为什么
槲寄生 的果实是
黏黏的？

▶ **槲寄生的果子如果掉在地上就不能生存下去。因此，它能够分泌出强力胶，让果子固定在树上，这是其生存的必要条件。**

在高高的树枝上，一种常绿的植物依靠树木生存，向四周生长，这就是槲寄生。它的浆果是一种罕见的白色或者黄色的球形浆果，像小月亮，出现在冬天。注意，虽然它们很漂亮，但是有毒。好吧，不是对所有动物来说都有毒。有些鸟类把它当成日常伙食，比如槲鸫，这正满足了这种奇怪植物繁殖的心愿。

这种顽强的果实一旦被吞掉，果实外面裹满的天然胶——槲寄生素，就会跟着粪便排出。但这个心愿的实现是有风险的。鸟的排便有90%都是在飞行中解决的，粪便落在不好的地方，槲寄生就不能生长。偶尔，槲鸫在树枝上清空肠道，也只有这时，槲寄生的生命循环才得以再次开始。

剩下的黏胶把种子黏起来，它们会黏在树枝上，在适宜的条件下，在树皮上发芽。槲寄生素很浓稠，而且黏性非常强劲，因此人们一直都用它来制作强力胶。

顺便问一句，常春藤的黑色小球可以吃吗？
答案在第34页。

哦？
15 000颗种子里只有1颗会成功地变成一棵新的槲寄生。

快看！
如果优雅的蓝山雀发现几颗黏在树枝上的槲寄生种子，它会吃掉里面珍贵的果仁。

哪里可以 找到 羊肚菌？

▷ **秋天里怎么找都是没用的，羊肚菌出现在4月。**

变化莫测而又鲜美多汁的蘑菇不是随便什么地方都可以生长的。它需要偏石灰质或者沙质的土壤，但也需要和它一起生活的植物，它和这些植物在土壤里秘密地结合在一起。

羊肚菌喜欢白蜡树、云杉、苹果树和榛树的陪伴。而草本植物方面，它似乎更喜欢常青藤和黄色的毛茛——生长在潮湿土壤里的榕叶毛茛，它也喜欢花园里朝鲜蓟生长的地方。

金黄色的羊肚菌可能是圆形或者圆锥形的，它喜欢有阳光的地方，比如林中空地、树林边缘、果园和篱笆旁，特别是流水旁清凉潮湿的地方。长着褐色、米色或灰色的蜂窝头的羊肚菌非常低调，第一次总是很难发现它，因为刚开始寻找的时候，我们的眼睛还没有习惯在自然界里锁定这种奇怪的形状。

哦？

羊肚菌喜欢在翻过或者烧过的土壤里生长。第二次世界大战结束后的第二年春天，人们在诺曼底战役的战场上找到了数量巨大的羊肚菌。

在美国，1989年黄石特大火灾之后，出现了几百万朵羊肚菌。

山楂树的

果子可以

吃吗？

▶ **它们对我们的健康非常有益。但味道方面嘛，说实话，不是最好的。**

山楂是山楂树鲜亮夺目的果子，可以装点秋天的树篱。我们必须承认，它红彤彤的颜色出现在我们面前，是很有诱惑力的。

山楂树既是小鸟们"官方的"食物储藏架，同时也为小鸟们提供住处。因为山楂树靠近树干的树枝间，覆满荆棘和尖刺，是很多动物无法穿越的壁垒。由于山楂是可食用的，人们总是把它放在嘴里嚼着玩儿，但它粉状的果肉、有点儿酸苦的味道不会让你真的着迷。幸运的是，几场霜降之后，它的味道会大为改观。

山楂树是一种具有医疗作用的乔木。1000多年前，法国人就用山楂制作了一种抗衰老的药物，进献给国王。它还可以用来消除焦虑、失眠、高血压、嗓子痛，也能缓解心脏疾病等。山楂果像是一种神奇的药物。

人们在和不同种类的山楂打着交道。只有一个果核的是单子山楂，它的花朵幽香，可用来制作糖浆。相反，英国山楂的花则散发出一股猫尿味。试想一下，用它做成的糖浆会是什么味道！

哦？
在一些临湖的古代城堡遗迹里所进行的考古发掘表明，我们的史前祖先食用过山楂树的果实。

灰喇叭菌的

名字是

怎么来的？

▶ 灰喇叭菌既不是幽灵，也不是死人，这种蘑菇得名于它在一年当中露出鼻头的时间，那是在诸圣节①的时候。

在法语里，灰喇叭菌被称为"死人的小号"，对于这种美味的食用菌来说很滑稽。灰喇叭菌在树下像地毯一样成片出现的时间正好是纪念逝者的节日，它因此而得名。这就是说，这种暗色的小喇叭——这是它的特点——可能在诸圣节之前就已长出地面了。

由于有这个喇叭，菌菇采摘者就可以确定它们的身份：这是一种弯曲的漏斗形，颜色发灰，有十几厘米高。

它的肉非常薄，有点弹性，而且香气宜人。很多人将其风干，当作调味料全年使用。在脱水之后，烹调高手将其混在酱汁里，撒在肉上，或者在热水里浸湿几分钟用于接下来的烹调。在奇怪、凹陷的菌盖下，灰喇叭菌

既没有褶皱，也没有层状叠片。有时即使在它最喜欢的山毛榉树下也很难发现它，但只要发现一个就足够了，要知道它从来不单独生长，特别是在多雨的夏季。

哦？
灰喇叭菌和鸡油菌是表姊妹。和有名气的鸡油菌一样，它通常年复一年地生长在同一个地方。

①诸圣节（La Toussaint）：天主教节日，在每年的11月1日，为纪念所有忠诚的圣徒和殉道者而设立。——译者注

栎树叶

上的这些小球是

果子吗？

▷ **栎树叶上的虫瘿，也叫栎瘿，栎瘿不是一种生物。事实上，这是一个奇怪的植物孵化器，它掩护着一种迷你胡蜂的幼虫。**

这种奇怪的球体，长在树叶表面，是昆虫蜇刺后引起的虫瘿。栎树的瘿蜂，体长3毫米左右，夏天时在树叶的叶脉上产卵：树木看起来像是忽然被一串黑客程序入侵了一样。

被产卵的树叶，再也不能正常生长，而是在叶脉上额外长出一个直径为20毫米的像苹果样子的奇怪球体。在其内部，植物细胞甚至收拾出一个特别的小洞穴，专为即将出生的瘿蜂预留。一个虫卵不久后就会孵出瘿蜂幼虫。

胖嘟嘟的小虫不被察觉地孵出来，被保护在捕食者的视线之外。它没有吃的，除了洞穴的四壁，直到它变得足够大、足够强壮，可以蜕变成为成虫，然后才能在其孵化室的防护屏上钻一个洞出来。小球会随着幼虫的增长而逐渐变色。先是浅绿，然后变成一种漂亮的红色，不免让人误把它当成果子。

栎瘿最终会在秋天和树叶一起掉落。那时，我们就容易看到它们了。它们老化后会变成色，并且缩成一团。

哦？

其他昆虫也会打栎瘿的主意。它们在现成的虫瘿里产卵。在瘿蜂的后代和其他昆虫的后代中，谁最先长大，谁就会将其他同居者吃掉。后来的这些昆虫也可以被看作是寄生于瘿蜂的寄生虫。

可以尝一下
接骨木 的
果实吗？

▷ 尝两到三颗生的接骨木浆果是可以的，但不能再多了，否则当心中毒。不过，煮熟的果子就是美味佳肴了。

在尝试果实之前，确定你是否能准确识别出接骨木，它的果实大部分是红色的，也有蓝色和黑色的。接骨木是一种灌木，坦白来讲，气味不是很让人愉悦。它的复叶由5片或7片小叶组成。树枝的内部是白色髓质，果子成串下垂，很是诱人。它有毒的表姊妹——矮接骨木和它很像，但矮接骨木只在一棵不超过2米高的树茎上生长，成串的果实竖起，朝向天空。

总之，从你知道如何区分两者的这一刻开始，你就可以品尝接骨木上成熟的果子了，但只能是很少的数量。

有些接骨木的果实中含有很多难消化的物质，比如西洋接骨木。生吃黑色小球或者吃太多，都会引发恶心和腹泻。

想要品尝它甜酸的味道，只需将其煮熟。这样既安全，又可以品尝美味。烹煮去除了果实的毒素，用它做成果冻、水果挞和糖浆很美味。至于说接骨木的花朵，只要去除花朵的绿色部分（可能导致呕吐的部分），可以做成美妙的法式炸糕，带有令人难以置信的香气。

顺便问一句，为什么黑莓会把手指染上颜色？答案在第4页。

哦？
当心，接骨木浆果里有颜色的果汁如果沾到衣服上几乎是清洗不掉的。

哪种
蘑菇
最臭？

▶ **排行榜第一的位置无疑属于奇怪的白鬼笔。**

林下灌木丛里飘浮着令人作呕的气味。是一只死掉的动物吗？不是，一只倾斜的蘑菇正在散发孢子的味道：它发出臭气，也因此而得名——发臭的林神。它发出的腐败臭味，有时在十几米之外都可以闻到，这对苍蝇起着诱惑的作用，因为对它们来说，这种味道就像最"香甜"的动物粪便。被吸引来的苍蝇停在菌菇顶端，这里覆盖着一种绿色的黏性物体，被称为产孢组织。它们非常喜欢这里。

反吐丽蝇吞下孢子，然后通过消化系统再排泄出来，和粪便一起散播在森林里。

在它们的造访之后，白鬼笔上不再留有任何黏胶的痕迹，只有一个个空洞。不得不说，这个奇怪的蘑菇像是……阴茎，不太雅观。人们更多的是闻到了它的气味，而不是真正

地看到了它。很快，蛞蝓和昆虫就会把它光。但即使它已经消失，浓烈的气味仍会空气里持续一段时间。

哦？
很嫩的白鬼笔发出的臭气和臭鸡蛋相似。在这个阶段，它闻起来像萝卜，只要去掉黏糊的顶端，甚至可以生吃。 但动作要快，因为在潮湿的环境里，白鬼笔在不到2个小时的时间里就会打开臭味引擎，它的气味就和菜园没有一点儿关系了。

为什么这束
堇菜 没有
气味？

▷ **有些种类的堇菜是完全闻不出味道的。**

你把它放在鼻子底下摇晃也是白费：这朵娇嫩的花能制作糖果，但不会散发出任何香气。什么气味也没有，或者说微不足道！事实上，在春天的树林里，你可以用鼻子闻这种不带任何气味的、蓬乱的堇菜，也可以通过看它毛茸茸的茎来辨认。相反，还有一些堇菜散发着甜美的气味，而且使人头晕，香水师很了解这点。有香气的堇菜被研究得最多，它在糖果业和香水业也被利用得最多。

起初，人们只能在地中海周围找到它，但它实在太知道怎么让人们着迷了，因此，人们将它种在欧洲很多地方。香堇菜的香味有神奇的快速催眠嗅觉神经的力量。将花朵靠近你的鼻子，最多几秒钟，你就什么气味也闻不出来。为了享受它令人愉悦的香气，不能一直不停地闻花香，要把它拿远点，再靠

近鼻子。

哦？
这种小株植物宣告了春天的到来，偶尔出现在2月到6月。

快看！
所有种类的堇菜都是可食用的。花朵可以做成美味的糖浆或者用来装饰甜品，而嫩叶可以用来制作沙拉。

黑刺李

是一种

李子吗？

▶ **黑刺李就是一种小个的、很普通的野李子。**

秋天里，长着黑刺的树枝，也就是黑刺李树枝上，缀满了大量蓝紫色和深紫色的浆果，每个果子的直径有1厘米。黑刺李装饰着篱笆和树林的边缘。

黑刺李很好识别。如果你在采摘灌木里的小圆果子时，被3厘米长的刺刺破手指，这就是它，准没错。哎哟……

现在，拿起你的相机，尝一颗黑刺李的果子。小心有核。准备好了吗？让人永远铭记的画面来了。当我们咬开小果子时，一开始，果肉会让嘴麻木，但很快它的涩味就来了，肯定让人忍不住直做鬼脸！野李子的糖分没有果园里那些的表姊妹那么高。在几场霜降之后，它的涩味就会由更多甜味取代。

就是在这个时候，你可以采摘李子，制作糖浆、果汁和水果罐头。

顺便问一句，真的有野生梨树吗？答案在第90页。

哦？
黑刺李的尖刺壁垒在春天会变成很受鸟类欢迎的筑巢灌木。在不久后的秋天和冬天，乌鸦、画眉、莺和很多其他鸟类都会用黑刺李筑好的巢大宴宾客。

卷缘齿菌的

针

扎人吗？

▶ **它很可能刺到你的好奇心，但不会扎人。**

多漂亮的蘑菇，略带丝绒质感，发白的赭石色，短粗多肉，散发着水果的气味。

当我们近距离观察它时，我们可以看到令人惊叹的细节。不同于惯常的菌褶，卷缘齿菌的菌盖下覆盖着几百根"小针"，但没有一根是扎人的，它们太脆弱了。人们的手指一碰上去就会把"小针"弄断。

每个"小针"的针尖都是一片肥沃的区域，上面孕育着孢子。蘑菇爱好者常采摘这种蘑菇，因为它是一种美味的食用菌。它的肉质紧实、味道香甜，只要将这些"小针"从菌盖上去掉就行，然后倒掉第一锅煮菌菇的水。但应该避免采摘森林里最老的蘑菇，因为它们有点苦。

卷缘齿菌时常成排或者呈环形生长，而且与叶树相比，它们更喜欢与阔叶树形成菌根，一点点偏爱山毛榉树。

顺便问一句，仙女环是有魔法的吗？答案第38页。

哦？

在给卷缘齿菌取的好笑的名字里，我们还可以找到"山羊胡"或者"林中海胆"这样的名字。

这种植物的
红色浆果 是
糖果吗？

▷ 哎呀，哎呀，哎呀……千万不要把它们当成糖果啊！误食疆南星果实的人常常会创下中毒防治中心新的急救纪录。

几颗鲜艳的橙红色的小球，挂在又短又宽、高25～30厘米的茎上，总在夏秋季节吸引人们的注意。当人们走近斑叶疆南星时，不太可能看不到它。

恰恰是它可爱的颜色激发了小朋友的兴趣。小淘气们很容易就在我们转过身去时，把这些橙红色的小果子放进嘴里。好在它黏黏的果汁有呛人的辛辣味，会立刻让他们的嘴巴感到刺激，并让舌头肿起来。但只要很快把果子吐出来，就不会造成什么严重后果。好吧，如果真的有些自虐狂人吞掉几颗浆果，你就要迅速打急救电话。吃几颗浆果就足以引起严重的消化问题。超过10颗，后果就可能是致命的，吞下果子而且并未就医的人，在10小时内就有生命危险。整株的疆南星都

是有毒的。

哦？

疆南星属的花朵在春天开放，为了吸引一种叫蛾蚋的飞虫，它会造出一个陷阱，然后把蛾蚋关在陷阱里3天。这个是必要的时间，能够让花朵保护被传送来的花粉，从而让内部奇怪的雌蕊受精。

快看！

整株铃兰都是有毒的，先是白色小铃铛一样的花朵，然后是挂在颈梗上的红色浆果，都不能食用。

树林里闻起来

像大蒜 的

是什么？

▷ **是一种名叫熊葱（又名熊蒜）的草。**

虽然也有一种小蟾蜍——合趾蟾也会发出蒜味，但它在森林里并不常见，而且人们必须要把鼻子凑到它身上才能闻出它的气味。在春天清新的林下灌木丛中弥漫的大蒜的气味，都源自熊葱这种植物。熊葱常在潮湿、有树荫的土地上长成一大片，像一大块地毯。

人们在远处就可以闻到这种气味。熊葱的气味非常强大，可以让鹿和狍远离它生长的区域。闻到这种气味觉得恶心的食草动物就更不会吃它发臭的茎了。熊葱要加快长叶，然后长出花蕾。因为很快，大树就会截取所有阳光。

4到5月，伞形白花出现在熊葱30～40厘米高的茎上。而到了6月底，什么都没有了，既没有叶也没有花。最大的秘密在地下，那里藏着它的球茎，所有的种子都分散在土壤里，准备来年春天再次焕发生机。

熊葱开花前，它的叶子可以食用。将叶子成细丝和鲜奶酪搅拌在一起或者就放在涂了黄油的面包上，美味无比。它和铃兰有像，但后者有毒、没气味。如果你用手指叶子都闻不出任何气味，那就不要吃它了。

哦？
据说，熊爱吃这种有净化作用的植物。漫长的冬眠之后，它能祛除熊身体器官里的毒素，这也是熊葱名字的由来。

鸟吃的

浆果，我们也

可以吃吗？

▶ **不可以！鸟类和其他动物有能力吃下那些能让最强壮的运动员生病的果子。**

试想一下，秋冬季节，大部分鸟类每天都会吞下各种浆果。女贞树有毒的黑色小球在乌鸫的菜谱里。致命的"主教帽"，又名欧洲卫矛是知更鸟的美食。

鸟类很可能没有和我们一样发达的味觉，因为它们的味蕾数量很少，一般只有30~70个，而人类则拥有几千个。更令人震惊的是，它们还时常感觉不到浆果里含有的剧毒。

另外，大多数彩色小球状的浆果是为鸟类能整个吞下而特别设计的。无数灌木都依靠鸟类爱吃浆果的习性，达到传播它们种子的目的。不管果子是可口的、难吃的，还是有毒的，所有或者说几乎所有的果子都可以被禽类食用。

哦？

一般来说，在判断我们收获的果子是否可以食用时，不要相信其他动物。毒蝇鹅膏菌是致命的毒蘑菇，每年都把人吃进医院，却是蛞蝓和松鼠的膳食。毒鹅膏菌对它们来说，是不会有任何副作用的。

山毛榉的
果子可以
吃吗？

▶ **是的，我们可以享用它们和榛子味道有点像的果实，只要不大量吞食就好。**

巨大的山毛榉树有着灰色光滑的树干，像大象的腿，每年秋天都会长出山毛榉果。这些干果里保护着2～4个果实，可以说是迷你的三角形板栗，有三面棱角。它们像刺猬一样带刺的"外包装"并不真的扎手，摆弄它们是没问题的。到时候，这个蒴果——栗壳斗会打开成四瓣，就像剥香蕉一样，然后释放出种子。

我们可以品尝生的山毛榉果，但只能吃很少的几颗，因为有一层很难去掉的薄薄的巧克力色外皮有轻微毒素，不能大剂量食用，否则可能会让你感到轻微头痛和胃部痉挛。

由于山毛榉树的果仁含有40%～50%的油脂，以前人们用它们榨出来的油去烹调食物。你也可以像烤板栗那样烤它们。它们的外皮更容易

去掉，而且可口的味道会让你陶醉。它们可以用来装饰餐盘和做沙拉，有点像松子的用法，而且只要像花生那样加点盐，就可以做成鸡尾酒会上的小食。

顺便问一句，为什么今年有很多橡子？答案在第18页。

顺便问一句，为什么今年有很多橡子？答案在第18页。

哦？
跟橡树和橡子一样，山毛榉树每3～6年都有一个结实大年。而介于两个大年之间的产量只有大年时的1/3。山毛榉树是在逗松鼠开心吗？

哪种
蘑菇 可以
当球踢?

▶ **马勃像一个球的形状。**

马勃是很常见的菌菇，长得像高尔夫球，通常是白色的。但也有例外，大秃马勃可以长到足球大小。它圆圆的头实际上是盛满十几亿孢子的"袋子"，从外面将孢子保护起来。成熟之后，内部多产的马勃在外貌、气味和颜色上都有变化。白色的菌肉变成褐色或灰色的粉末，还带一点好闻的淡淡香气。

我们可以开心地把它当球踢。它就等这个时候将孢子释放出来呢。有些马勃会裂开，人们一碰它的顶部，它就像火山一样爆发。随后冒出一股烟，形成一片孢子云。

其他一些品种会在成熟的过程中打开顶部。雨滴、动物或散步者的脚步都会让有生命力的孢子涌出。此后，只剩下一个干瘪的外皮。尚未成熟，而且还是白色的马勃是可以食用的。我们可以将其切片放在平底锅里，像煎牛排一样把它煎熟，但它几乎没有味道，且并不是所有人都会喜欢它柔软的口感。

哦?
欧洲最大的蘑菇之一就是大秃马勃。它的重量可以超过20千克，周长超过80厘米。据估计，它含有的孢子最多可达70亿个。

冷杉

真的会

流血吗？

▶ **不会，那是树脂。这种天然"绷带"流淌下来，会黏在针叶树的树干上。**

我们都摸过冷杉，特别是在圣诞节时。在触摸冷杉时，不难发现树皮上有一种黏性物质。它会在我们的手上、衣服上留下痕迹。有香气的树脂具有防腐的特性，富含精油，防止树木受到感染或者外来入侵。一有割伤（即使是最小的伤口）、树枝折断或者其他各种伤口，树脂就会覆盖上。寄生的菌类孢子和吃木头的昆虫会被黏在里面。

这种保护不限于树皮，冷杉同样会通过产生树脂隔膜隔绝内部的伤口。这种特性会防止相邻组织受到感染。

大部分针叶树的树干都布满产生树脂的管道，里面积攒着黏稠珍贵的胶体，但有些杉树的树干上还有充满树脂的鼓包，因为即使是最小的创伤，树脂都随时准备救援。人们

从其中意外得到了一个小窍门：植物油可很好地清洗树脂。

喉咙有点儿痛吗？舔一点儿（特别是）欧洲赤松的树脂吧。

哦？

1立方米海岸松会储存超过20千克的树脂，而云杉只有10千克左右。

快看！

琥珀不是别的，就是固化后形成化石的树脂，里面偶尔会有一只在几千万年前被黏住的虫子。

山茱萸
可以吃吗？

▶ 是的，山茱萸——一种长在树林边缘的灌木或小乔木——它漂亮的果子具备让人愉悦的所有元素。

你喜欢连翘在早春开的黄色的花吗？那么山茱萸的花也会吸引你。它的花朵出现在2～3月，而且产蜜丰富，因此受到采蜜昆虫的高度青睐。这些虫子是花园的助手，它们经历了冬天，存活了下来。

你会和鸟类一样喜欢山茱萸的果子。它们也被称为朱砂橄榄。一进8月就可以尝到它们，但更好的季节是初秋，那时果肉变成了深红色，已经成熟。

山茱萸会在我们采摘后继续成熟。它含有的维生素C比柠檬里的维生素C还要高出很多。

山茱萸果可以生着吃，也可以熟着吃，还可以风干了吃，甚至可以用来做成果酱、糖浆，腌成糖水罐头，也能做成水果挞。

山茱萸有一个特点。我们可以小心地横向开一片叶子，惊喜来了，两半叶子仍然连在一起。但要注意，不要把山茱萸和它的兄弟欧洲红瑞木弄混。后者长着几乎和它一样的叶子，但结出的是不易消化的黑色球果子。

哦？

山茱萸的木质坚硬、致密，放在水里都浮不起来！古罗马人用它制作标枪。

后来，人们则用它制作工具的手柄、梯子的踏板、拐杖、齿轮的传动系统和楔子。

哪里可以 找到 野生 覆盆子？

▶ **在稀疏的树林里和山上。你要在潮湿且有阳光的地方寻找它们。**

从中世纪以来，为了满足我们最大的乐趣，覆盆子的枝条已经侵占了我们的花园。货架上出售的覆盆子多种多样，然而，所有这些都源自一个祖先，那就是树莓的邻居，名为覆盆子，也就是"伊达山的树莓"。

我们可以在法国东部从勒阿弗尔到蒙彼利埃的地区找到这种木本植物。它们生长在凉爽的地方，那里空气时常是潮湿的，土壤肥沃，特别是在林边、路边、废墟和篱笆旁。

覆盆子生长的第二年会结出有香气的果子。鹿和狍和我们一样喜欢吃它。

夏初，当花期开始时，蜜蜂好像放弃了其他花朵，因为覆盆子的花蜜那么丰富、甘甜、芳香。它的花茎外面包裹着很细的刺，有点

扎人。有时我们在采摘覆盆子之后，皮肤可能就会扎着清晰可见的小刺。这时，放镜和镊子就必不可少了。

顺便问一句，野草莓可以吃吗？答案在第40页

顺便问一句，野草莓可以吃吗？答案在第40页

哦？

事实上，覆盆子，像它的表姊妹桑葚一样，是由若干核果互相聚集在一起组成的，每一颗核果里都有一颗单独的种子。

森林里

能 找 到

珊瑚吗？

▶ **森林里既没有珊瑚礁，也没有柳珊瑚，除非是化石。相反，森林里的珊瑚菌则像是刚刚直接从海底出来的一样。**

如果在森林散步会让你有种在海底深处潜水的感觉，不用怀疑，你是在一种特别的真菌中间。

珊瑚菌长着奇怪的形状，好像复制了珊瑚、海葵甚至是花椰菜的形象。橙色、米黄、黄色、粉色、淡紫色……它们的颜色颇为丰富，还会随着自身的成熟变颜色。我们很难辨识出这种分叉菌类的众多品种。有时候需要显微镜才能辨识。

因为有些珊瑚菌是有毒的，特别是白色的，所以我们最好避免食用它们，但是有些黄色的品种是可以吃的。

它们像灌木一样的分枝指向天空，上面覆盖

的孢子会随风飘散。大多数珊瑚菌出现在夏末，但秋天才是欣赏它们的理想季节。

顺便问一句，蘑菇是怎么生长的？答案在第12页。

哦？
还有些珊瑚菌长得像狼牙棒。其中有一种叫"穷人的棒棒糖"，也叫棒瑚菌，可以在沸水中烫煮后蘸糖水吃。这是生活拮据的人家为孩子创造的美味。

树木
会吞下
指示牌吗？

▶ **不可思议，但这是真的！但树木对指示牌并没有任何胃口，也无法消化掉它们。**

树木有时会被我们装饰上森林片区号码牌、方向指示牌或者路标这样的物体。

有时，·树会把钉在身上的指示牌当作伤口来治疗。否则细菌就会趁机找到进入树木身体的大门，然后越过树皮的保护屏，从而攻击树木内部。

所有外来物都会干扰树干的成长。树木为了愈合伤口会长出树瘤。树瘤一点点包围异物，先上下夹击，找到异物边缘。然后树木会一圈一圈地将异物裹进树干。

但这并不是很快！这并不是第二天就可以完成的。树木会花几年，甚至十几年时间，才能完全将布告牌吞入它的肌肤里。试图封住

伤口的鼓包每年只生长几毫米。

顺便问一下，冷杉真的会流血吗？答案在78页。

哦？

然而，指示牌不是唯一不能食用但却被树木吞掉的东西。人们知道吞石子树、吃废铁树，以及围墙破碎树或者墙壁吞没树。古老的树木里甚至会有炮弹的碎片、刺钉甚至第一次世界大战时的步枪！

圣诞树桩蛋糕上的

欧洲冬青

可以吃吗？

▶ **不可以……它漂亮，有装饰作用，但也有毒。**

你从它身边经过时不可能注意不到它。欧洲冬青叶子有刺，常绿，甚至在深冬里也是绿色。这种植物是分性别的。雄花从来不会长出鲜红色的闪亮小果。

在乡下，孩子们常玩儿欧洲冬青叶，他们小心翼翼地用拇指和食指捏着一片欧洲冬青叶，然后吹气，它转起来像一架小风车的桨片！这种灌木的寿命可以达到300岁，高度最高可以超过10米，但是生长得很慢。

欧洲冬青很长时间以来都象征着神灵庇护和永恒。人们在冬至时把它挂在屋子里，驱邪除魔，但要在圣诞节前夜把它挂好，三王节①后的第二天再把它撤下才行。

欧洲冬青叶含有一种类似奎宁②的物质，熬成的水对退烧很有作用。欧洲冬青有很多作用，比如可以用作药材、当作装饰，但就是不能用于烹调，因为它有毒。如果吞下欧洲冬青3～4颗浆果，身体不会有太大的问题，但超过这个数量，就难说了。所以，不要吃掉装饰圣诞树桩蛋糕的"冬青果"。

哦？

在罗伯特·史蒂文森的著名小说《金银岛》③里，海盗朗-约翰·西尔弗的木腿可能就是用冬青木雕刻的。在那个时代，这种白色、有弹性的坚硬树种常被派上这种用场。

---

①三王节：是基督教的重要节日，为每年的1月6日，说基督降生后，东方三王于这天抵达耶稣的出生地前来向耶稣献礼。在法国，这天也是家庭团聚的机会，一家人聚在一起享用国王饼，幸运的人吃到放在国王饼里的蚕豆，就能戴上王冠，成为当天的国王或皇后。——译者注
②奎宁：一种生物碱，具有疟疾抗作用。——译者注
③《金银岛》：作者罗伯特·路易斯·史蒂文森，18□年出版，1885年在法国出版。——译者注

真的有
野生
梨树吗？

▷ **在森林里，人们可能会遇到梨树和苹果树，但它们变得越来越罕见。**

野生梨树更常出现在树林边缘而不是树林深处。如果没有人为干扰，梨树可以长到8～20米高，寿命超过300年。它带有细齿的小卵圆形叶挂在长茎——叶柄的顶端。有人为树叶涂了一层清漆吗？它们怎么会如此光亮！但别忘了它们的另一面。

当心，扎手。野生梨树年轻的树枝顶端长着尖刺。相反，随着它不断成熟，它的树干越来越像鳄鱼的皮肤，但不扎人。夏末时，闻一闻成串的小梨，多香啊！你可以尝试着生吃，它们酸涩的味道很快就会让你退缩。野梨在过分成熟时可以食用，否则只有煮熟了才能吃，或者用搅拌机打碎了吃。

快看！

每年4月，野生梨树在长叶前开花，它不仅非常有装饰性，也很讨采蜜动物的喜欢。

我们只要收集一些梨核里的籽就可以很容易地将这种树种植在花园的篱笆内，让它们发芽。

舔一下
地衣 会
发生什么？

▶ **大多都苦得让你做鬼脸，不想再试第二次。**

地衣 (lichen) 的名字来自希腊语，意为"舔"。这种奇怪的生物是藻类和真菌共生的成果。

前者借助光合作用转化太阳的光能，而后者提供水和无机盐。地衣的生长甚至还涉及第三个合作方，因为还存在着第三层：一种酵母，也就是说，一种菌类，它的作用还有待发现。总之，这种结合会产生一种奇异物质——地衣酸。

你只需用手指拂过地衣，然后舔一下手指，就会对其强烈的苦味深有体会。特别是树干上看起来像白色粉末的鸡皮衣科，你是不会想尝第二次的。

大自然中有若干种地衣，尤其是扁平的壳状地衣、叶子形状的叶状地衣，最后还有乱蓬蓬的枝状地衣。后者对空气污染非常敏感，它的存在通常说明空气洁净。

哦？

人们已经发现了超过700种地衣酸。有些地衣酸用于染色，制造香水，以及医药、生物化学领域，甚至治理污染。

树木的
汁液可以
喝吗？

▶ **虽然著名的加拿大枫树糖浆是个证据，但树木不是任何时候都会产生汁液的。**

树液可以喝，但前提是选对含有树液的位置和树液丰富的季节。在法国，桦树的树液以利尿和促进细胞生长而闻名。几个世纪以前，它就已经在欧洲北部地区被人们广泛应用。

冬天刚过，天然树液被输送到树木的每根细枝、每个幼芽中，即使一个小小的伤口，都会让桦树流出清澈的树液。有人收集这种富含氨基酸、微量元素和矿物质的树液，并将其商业化。

2月末或3月初，你在桦树树皮上轻轻地割出一个V字形：尝尝流出的汁水，然后再用一点黏土将伤口封上。椴树的树汁虽然没有什么特别的营养价值，但也可以食用。

你会尝一点枫树糖浆吗？在加拿大，春天冰雪融化时，糖枫储存的淀粉转变成蔗糖，然后和树液混合在一起。人们每年收取这种珍贵的汁液，将其加热，聚集糖分，制作成美味的糖浆。相比之下，欧洲挪威枫的树液则较为寡淡。

哦？

有些专家偶尔在实验通过每天饮用桦树的汁液，进行为期三周的保健。这种神奇的树液或许有助于释放人体中的毒素和废物。

为什么
野果 往往是
红色的？

▷ **这可以给鸟类传递清晰的信息：看到我，吃掉我，然后传播我的种子。**

虽说浆果有各种颜色，但在法国，大多数浆果都是红色的，蓝黑色调的浆果也有不少，位居第二。

对昆虫来说，鲜艳的颜色，比如红色，意味着"小心，有毒"。但有些植物打定主意要利用花哨的颜色让动物发现藏在它们叶子中间的果子。红、蓝或者黄色最能吸引动物的注意。这是植物掌握的一种传播种子的方法，因为它们自己不能移动。因此，那些机灵的植物就知道如何唤起动物的胃口，让种子可以趁机旅行。

动物在囫囵吞下果子后，种子会转移到动物的粪便中，动物的粪便在森林里或者其他地方随处可见。很多鸟用眼睛搜集食物，敏锐的视觉可以让它们很容易地辨别出有颜色的

野果，特别是红色的果子，这对它们来说再明显不过了。

顺便问一句，山楂树的果子能吃吗？答案在第52页。

哦？

对于果子鲜艳夺目的颜色来说，"吃掉我"这个信息只对鸟类有用，对我们不是！让人麻痹的泻根属植物的果子，还有可怕的、有毒的瑞香的果子，和可口的醋栗、多汁的樱桃一样，都是红色。

双孢蘑菇

在树林里

生长吗？

▶ **不是的。这位"罐头明星"已经被培育很长时间了，但它的"表兄弟们"还在草地和森林里居住。**

双孢蘑菇（俗称洋蘑菇）喜欢生长在马粪上。当园艺家注意到这种蘑菇出现在某些堆肥上时，就产生了栽培它的想法。

法国国王路易十四的园丁让·德·拉坎蒂尼于1670年研究出栽培它的方法。如今，栽培方法已发生了很大变化，培养菌类的树干的选择也一直在变化。这种著名的蘑菇已经和最初的原型有了很大不同。在全球范围内，每年能够生产超过200万吨双孢蘑菇。

双孢蘑菇在树林变得稀少，它生长在枯枝落叶层或树干上，或者马厩附近。它的其他"近亲"经常出现，比如林地蘑菇，还有白林地蘑菇。另一个明星——四孢蘑菇，出现在养牛场里。它的样子有点像有毒的鹅膏菌，要

当心混淆。区分四孢蘑菇和鹅膏菌的其他断标准主要是四孢蘑菇没有菌托。

如果有菌托，而且有一点发黄，那可能就有毒的黄斑蘑菇。

哦？

在双孢蘑菇的大家族里，来了一个城市里的"表兄弟"。大肥菇是一个强壮的家伙。它们会毫不犹豫地顶起碎石路面，甚至将路面穿透。尽管如此，这种带有超能力的蘑菇还是更喜欢安静的地方，比如翻松过的、没有柏油覆盖的地面。

怎样 采摘 松子？

▶ **只需要将掉在地上的松球收集起来。松球的每一个小鳞片都保护着让人垂涎欲滴的美食。**

意大利石松（更常被称为意大利伞松）10～15厘米大小的巨大松球，需要2～3年才能形成，最后载满珍宝，落到地上。

6月，我们只需俯身捡起松球，它木质外壳内藏着美味的松子，我们要把它打碎才能获取里面的松子。

松子含有非常丰富的蛋白质和矿物质。地中海沿岸的居民食用它们的历史已经很久了，他们将松子用在无数食物的制作中：西班牙果仁牛轧糖、意大利青酱①、北非的松仁薄荷茶等。

不幸的是，意大利石松忍受不了-5℃的低温冰冻。除了地中海地区的森林，其他地方都找不到它。

人们可以用一种在欧洲分布更为广泛的松树弥补这个遗憾——欧洲赤松。它的果实要小得多，也没那么好吃，但你可以烤着吃，如果松鼠没在你之前捷足先登的话。

顺便问一句，谁吃掉了整个松球？答案在第6页。

哦？

海岸松、瑞士五叶松和欧洲山松的松子也都是可食用的。事实上，大多数松树的果实都能吃，只不过很多都太小。

①意大利青酱：一种意大利的冷拌酱。——编者注